Die
Androidencuties

Autoren / Cover / Bilder

Dirk L. Feiler
Tanja M. Feiler

- BEDIENUNGEN

DIRK L. FEILER

SOBALD ES SIE GIBT - WIRD DIE MENSCHHEIT SICH ALS SOLCHE ERKENNEN LERNEN - WAS WOLLEN WIR MIT GELD WENN WIR DOCH LIEBEN WOLLEN - MOSES KANN VIEL BEHAUPTEN - ODER - WAREN SIE DABEI...DENNOCH EIN NOTWENDIGER BEITRAG. "DER PLANET AUF DEM ES KEINE SCHLÜSSEL GIBT" ZIEHLKLARHEIT

FÜHRTE UNS SCHON
IMMER.
+
一旦那里他们-将人类学会这样认识 - -
要做什么用的钱当我们想但爱-MOSES
可以声称多-或-在大悲...DENNOCH
必要的贡献。"行星有没有钥匙
是"ZIEHLKLARHEIT 始终指
引 着 美 国 。

DER MENSCH IST NICHT
GEBOREN WEIL ER
IRGENDETWAS MUSS -
NUR PRIMÄRES -
NIEMAND SOLLTE ZUR
ARBEIT MÜSSEN.
NENNEN SIE MIR EINEN
GRUND - SIE KÖNNEN
DAS NICHT - WIR
PROGRAMMIEREN
UNSERE WELT ZU ENDE
- PROJEKT SPIELPLATZ
ERDE, FÜR UNS KINDER

DIESER ERDE.
ES WIRD EIN RIESIGER
SPASS - ENDLICH HABEN
WIR ES GESCHAFFT.
JEDER DER HEUTE NICHT
GERN ZUR ARBEIT GEHT,
DER MÖGE BITTE ZUM
ARZT GEHEN, DENN DIES
IST DER LETZTE
„ATOMARE KRIEG DEN
WIR SCHON GEWONNEN
HABEN - MIT SANFTEN
AUGEN - UND SPASS -
SEHR VIEL SPASS,
ACHTEN SIE EINFACH
IMMER NUR DARAUF
DASS SIE SICH NICHT
WEH TUN.

GOTT

PS: ICH KENNE KEIN
ABER.

*

- THE MAN IS NOT BORN BECAUSE HE NEEDS ANYTHING - ONLY PRIMARY - SHOULD HAVE NO ONE TO WORK. GIVE ME A REASON - YOU - CAN'T WE PROGRAM OUR WORLD TO END - OF PROJECT PLAYGROUND EARTH, FOR US CHILDREN OF THE EARTH.
  IT WILL BE A HUGE FUN - FINALLY WE DID IT. ANYONE WHO TODAY DON'T LIKE TO GO TO WORK, WHICH MAY GO TO THE DOCTOR, BECAUSE THIS IS "NUCLEAR WAR

WE HAVE ALREADY WON
- WITH GENTLE EYES -
AND FUN - A LOT OF FUN,
SURE ALWAYS JUST
THAT YOU DO NOT HURT.
THE   LAST

GOD

PS: I KNOW NOT BUT.

●

DIRK L. FEILER ABER ICH
BIN AUCH NUR EIN
MENSCH, EINE BLÜTE
DER EVOLUTION - AUS
EIGENER KRAFT
ERKANNTE ICH 1986 -
ALS ICH MEINEN BERUF
AUCH GEFUNDEN HABEN,
(AUTOR), DIE MENSCHEN
MÜSSEN DAS KAUFEN
DIRK SPRACH ICH MIT MIR

- ZU MIR SELBST. UND ICH SAH - NUR DIE BIBEL ...OCH DANN GING ICH ZURÜCH ZUM ANFANG - UND DURCHLEBTE DIE WELT - ICH HABE VIELE FREUNDE - DIESE WISSEN DAS WAS SIE SEHEN - DIE WELT KENNT MEINE SEELE. VERZEIHEN SIE MIR, ABER SIE WUSSTEN NICHT WAS SIE HEUTE WISSEN - SCHADE DAS ES NUR EINE STAR GIBT.

ICH HANN NIX DAFÜR. NICHT BÖSE SEIN. BITTE NICHT MEHR WEHTUN.
*
BUT I'M ONLY HUMAN, A

BLOSSOM OF EVOLUTION
- FROM OWN STRENGTH I
REALIZED   MY
PROFESSION 1986 - AS I
ALSO   HAVE   FOUND
(AUTHOR), PEOPLE NEED
TO BUY THAT I TALKED
TO   DIRK   ME   -   TO
MYSELF. AND I SAW -...
BUT THEN I WAS ONLY
THE BIBLE BACK TO THE
BEGINNING - AND WENT
THROUGH THE WORLD - I
HAVE MANY FRIENDS -
THEY KNOW THAT WHAT
THEY SEE - THE WORLD
KNOWS   MY   SOUL.
FORGIVE ME, BUT DID NOT
KNOW WHAT YOU KNOW
TODAY - IT'S A PITY THAT
IT ONLY GIVES A STAR.

I CAN DO NOTHING FOR IT.

Be not angry.
Please no longer
hurt. Please do not
hurt anymore
.

Tanja M. Feiler

Cute, das bedeutet niedlich, suess, das ist wohl ein wohl, das seit the 4 cuties - Freundinnen, dem Cutiesong wohl bekannt sein sollte. Androiden sollten die auch niedlich sein? Jedenfalls anders als das vor Jahren entwickelte Robotixteil Rex sollten sie lieb aussehen und Lust machen, dass man sich von ihnen bedienen lässt. Dabei muessen

DIE ROBOTIKCUTIES ODER
ANDROIDENCUTIES
EIGENTLICH NUR DREI
EIGENSCHAFTEN HABEN:
ANGESCHLOSSEN SEIN
ANS WORLD WIDE WEB -
STABILES MATERIAL (FÜR
DEN EINSATZ IN
KRISENGEBIETEN) UND MIT
EIGENEM PROGRAMM, WAS
WOHL DIE
VORAUSSETZUNG FÜR KI
SCHAFFT. DA GIBT ES SEIT
GERAUMER ZEIT
ANDROIDEN, DIE ALS
LÜGENDETEKTOR
EINGESETZT WERDEN. WAS
SOLL DAS? IST IMMER
NOCH NIEMAND AUF DIE
IDEE GEKOMMEN, STATT
SOLDATEN, MASCHINEN IN

KRISENGEBIETE ZU
SCHICKEN? NATÜRLICH
ALS HELFER.

17

DIE ANDROIDENCUTIES

WARUM ALSO NICHT KNUDELIGE SÜSSE CUTIES, WELCHE ANDROIDEN SIND? NENNEN WIR SIE DIE ANDROIDENCUTIES, DAS IST DOCH EINE LIEBENSWÜRDIGE BEZEICHNUNG.

19

ABER NICHT NUR IHR AUSSEHEN IST DAS ENTSCHEIDENDE, SONDERN IHR AUFTRETEN. SIE SOLLEN NICHT DIE UNSINNINGEN ÄNGSTE SCHÜREN, MENSCHEN WEGRATIONALISIEREN ZU WOLLEN, SONDERN ECHTE UNTERSTÜTZUNGEN ZU SEIN, HALT BEDIENUNGEN. BEREITS 2008 IST EIN ARTIKEL ERSCHIENEN, DER SICH MIT DER SEXUALITÄT UND ANDROIDEN BESHÄFTIGT. DA WIRD EIN BILD GEZEICHNET EINER ANDROIDIN, DIE NACH DEM SEX AUFSTEHT, KAFFEE KOCHT UND

SAUBERMACHT. KURZE ZEIT SPÄTER GEHT DAS GESPENST DES WEGRATIONALISIERENDEN ANDROIDEN UM, DER DEN MENSCHEN DIE ARBEITSPLÄTZE RAUBT. DOCH ÜBER DAS AUSSEHEN DER MASCHINEN WIRD NIICHT NÄHER DARAUF EINGEGANGEN. ALSO HÖCHSTE ZEIT, SICH DAMIT ZU BESCHÄFTIGEN.

Bei der Bezeichnung Andfroid denken viele Menschen ausserdem an das Betriebssystem. Da sollte auch endlich eine Differenzierung stattfinden.

Jedenfalls ist ein neuer Begriff geboren: die Androidencuties und der sollte wohl dafür sorgen, dass weniger Furcht herrschen wird vor der Technik. Dabei geht es bei Technik, die nicht militärischen Zwecken dien, darum, die Lebensqualität zu steigern. Und niemand sollte vergessen, wer Technik macht: der

MENSCH IST DER ERFINDER DER TECHNIK, ALSO WARUM SOLLTE DIE TECHNIK GEGEN DEN MENSCHEN KRIEG FÜHREN?

Sing the Yeppa song
All time long